U0792852

普通高等教育“十一五”国家级规划教材
全国水利水电高职教研会推荐教材

水利工程测量
实验指导与习题

主　编　靳祥升
主　审　周建郑　杨中利

黄河水利出版社
·郑州·

前 言

《水利工程测量实验指导与习题》是学生学习水利工程测量课程的重要环节，特别在培养高职学生独立工作、提高动手能力方面起着显著作用。本书是普通高等教育“十一五”国家级规划教材《水利工程测量》的配套用书，与《水利工程测量》教材内容紧密结合，相互衔接，是高职高专测量教学中必不可少的教学用书。

本书分实验和习题两大部分来编写。实验部分以高职高专非测量专业的《水利工程测量》教材编写大纲为基础，考虑到各个专业的不同要求，以及各个学校对实验教学开设的能力，以实用为目的，选取了12个必不可少的实验内容。每个实验均指明了实验目的、实验器具、实验内容、实验步骤、注意事项等，并针对实验内容提出一定量的实验问答，由学生做过相应实验后来完成，这样可进一步帮助学生理解和巩固实验内容。习题部分精选了一定数量的习题，目的是提高学生的理解能力和计算能力。

《水利工程测量实验指导与习题》由黄河水利职业技术学院靳祥升、王浩编写，由靳祥升统稿。

由于编者水平所限，不妥之处敬请读者批评指正。

编 者

2008 年 5 月

目　录

第一篇　实验部分

第二篇　习题部分

第一篇　实验部分

测量实验须知

一、测量实验课的目的

实验课的目的一方面是为了巩固和验证课堂上所学的理论知识，另一方面是进一步了解所学测量仪器的构造和性能，掌握仪器的使用方法，加强学生的实训技能，提高学生的动手能力，使理论和实践结合起来，是高职教学不可缺少的一部分。

二、测量仪器的借用办法

(1)每次实验所借用的仪器按实验指导书或指导教师的要求来借领，实验仪器由各组组长按组的顺序向测量仪器室借用，要听从实验管理人员的指挥，遵守实验室的规定。

(2)测量仪器室的管理人员已按每次实验的任务，将仪器按组配备好，已填好仪器的借用单，且将仪器放置在仪器的发放台上，各组组长对照仪器的借用单清点仪器及附件等，若无问题，由组长在借用单上签名，并将借用单交仪器管理人员后，方可将仪器借出仪器室。

(3)初次接触仪器，未经教师讲解，对仪器性能不了解时，不得擅自架设仪器进行操作，以免弄坏仪器。

(4)实验完毕后，应立即将仪器交还仪器室，由管理人员暂时验收，由于交还仪器时间过于集中，不可能将仪器详细检查一遍，待下次清点借给他人前(不超过两天)方可算前者借用手续完毕。

(5)测量仪器属贵重仪器，借出的仪器必须有专人保管，如发生仪器损坏或遗失，则按照学院的规章制度办理。

三、使用仪器注意事项

测量仪器是贵重仪器，大家爱护仪器是应有的职责。实验仪器是精密贵重仪器，如有遗失损坏，对工作会造成极大的影响。每个人应养成爱护仪器的好习惯。使用仪器时应注意下列事项：

(1)领取仪器时应注意箱盖是否锁好，提手或背带是否牢固。

(2)打开仪器箱前，应将箱子平放在地面或台上后再打开。打开箱子盖后，应注意观察仪器及附件在箱子中安放的位置，以便用毕后将各部件稳妥地放回原处。

(3)仪器放置于三脚架上后，应立即将连接螺旋旋紧，不要过紧，以免损坏螺旋，也不要过松，以免仪器脱落。

(4)仪器从箱子取出后,必须立即将箱盖关好,以防止尘土进入或零件丢失。箱子应放在仪器附近,不能将箱子当凳子坐。

(5)不能用手指或粗布擦拭镜头,如有灰尘可用箱内的毛刷或镜头纸擦拭;更不许拆卸仪器,如有故障,应立即请示指导教师或管理人员进行处理。

(6)使用仪器时,必须先放松制动螺旋,未松开时,不可强行扭转。各处的制动螺旋,不要拧得过紧。微动螺旋不可旋到尽头。拨动校正螺丝时,必须小心,先松后紧,松紧适度。

(7)搬动仪器时须松动制动螺旋,望远镜应直立向上,三脚架与仪器的连接螺旋应旋紧,仪器最好直立抱持或夹三脚架于腋下,左手托仪器向上倾斜,绝对禁止横扛仪器于肩上,长距离搬运时应将仪器装入箱内。

(8)仪器必须有专人看护,烈日下必须打遮阳伞,以免晒坏仪器或降低仪器的测量精度。

(9)必须爱护各类仪器工具,在使用过程中尽量避免意外发生。不得用水准尺、花杆抬东西。

(10)仪器用毕后按原位置装入箱内,箱盖不能关闭时应打开查看原因,不可强力按下。放入箱内的仪器各制动螺旋应适度旋紧,以免晃动。

(11)实验结束后,应清点各项用具,以免丢失,特别注意清点零星物件。

四、测量记录注意事项

(1)实验记录须填在规定的表格内,随测随记,不得转抄。记录者应"回报"读数,以免听错记错。

(2)所有记录与计算均须用合适的记录铅笔记录,字体应端正清晰,字体大小只能占记录格的一半,留出空隙更改错误。

(3)记录表格上规定的内容及项目必须填写,不得空白。

(4)记录簿上禁止擦拭涂改与挖补,如记错需要改正时,应以横线或斜线划去,不得使原字模糊不清,正确的数字应写在原字的上方。

(5)已改过的数字又发现错误时,不准再改,应将该部分成果作废重测。

(6)观测成果不能连环涂改。

(7)观测数据应表现其精度及真实性,如水准尺读至毫米,则应记2.330 m,不能记成2.33 m。

(8)所有的观测与记录手簿均不准另行誊抄。

(9)记录时要严格要求自己,培养良好的作业习惯,所有观测记录都要遵守作业规定,否则全部成果作废,另行重测。

实验一　水准仪的认识与使用

一、实验目的

(1)了解水准仪的构造,熟悉各部件的名称、功能及作用。

(2)初步掌握其使用方法,学会水准尺的读数。

二、实验器具

每组借领水准仪1台(套),水准尺1对,尺垫1对,记录夹1个。

三、实验内容

(1)熟悉 DS_3 型水准仪各部件名称及作用。

(2)学会利用圆水准器整平仪器。

(3)学会瞄准目标,消除视差及利用望远镜的中丝在水准尺上读数。

(4)学会测定地面两点间的高差。

(5)实验课时为2学时。

四、实验步骤

(一)安置仪器

将三脚架张开,架头大致水平,高度适中,使脚架稳定(踩紧)。然后用连接螺旋将水准仪固定在三脚架上。

(二)了解水准仪各部件的功能及使用方法

(1)调节目镜,使十字丝清晰;旋转物镜调焦螺旋,使物像清晰。

(2)转动脚螺旋使圆水准器气泡居中(此为粗平);转动微倾螺旋使水准管气泡居中或符合(此为精平)。

(3)用准星和缺口来粗略照准目标;旋紧水平制动螺旋,转动水平微动螺旋来精确照准目标。

(三)概略整平练习

如实验图1(a)所示的圆水准器气泡处于 e 处而不居中。为使其居中,先按图中箭头的方向转动1、2两个脚螺旋,使气泡移动到 e' 处,如图1(b);再用右手按图1(b)中箭头所指的方向转动第三个螺旋,使气泡再从 e' 处移动到圆水准器的中心位置。一般需反复操作2~3次即可整平仪器。操作熟练后,三个脚螺旋可一起转动,使气泡更快地进入圆圈中心。

(四)读数练习

概略整平仪器后,用准星和缺口瞄准水准尺,旋紧水平制动螺旋。分别调节目镜和物镜调焦螺旋,使十字丝和物像都清晰。此时物像已投影到十字丝平面上,视差已完全消除。转动微倾螺旋,使十字丝竖丝对准尺面,转动微倾螺旋精平,用十字丝的中丝读出米

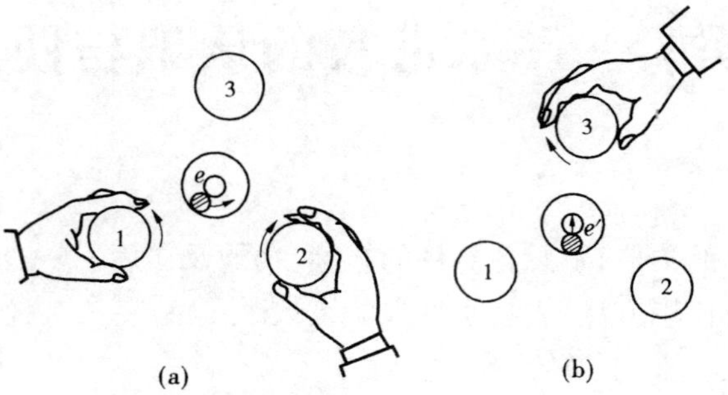

(a)　　　　　　　　(b)

实验图1　概略整平方法

数、分米数和厘米数,并估读到毫米,记下四位数。

(五)高差测量练习

(1)在仪器前后距离大致相等处各立一根水准尺,分别读出中丝所截取的尺面读数,记录并计算两点的高差。

(2)不移动水准尺,改变水准仪的高度,再测两点间的高差,两点间的高差不大于5 mm。

五、注意事项

(1)读中丝读数前,符合气泡必须严格符合;视差应消除。

(2)微动螺旋和微倾螺旋不要旋到极限,应保持在中间运行。

(3)观测者的身体各部位不得接触脚架。

六、记录表格

实验表1　水准仪认识观测记录表

仪器号:　　　　　　天气:　　　　　　观测者:

日　期:　　　　　　呈像:　　　　　　记录者:

安置仪器次数	测 点	后视读数（m）	前视读数（m）	高 差（m）	高 程（m）
第一次					
第二次					

七、实验问答

（一）填空

1. 要使圆水准器气泡居中应转动＿＿＿＿＿螺旋；控制水准仪望远镜转动应用＿＿＿＿＿螺旋和＿＿＿＿＿螺旋；要使瞄准的尺子清晰及仪器的十字丝清晰应用＿＿＿＿＿螺旋和＿＿＿＿＿螺旋；使水准管气泡居中，应用＿＿＿＿＿螺旋。

2. 视差是物像未投影到＿＿＿＿＿＿＿＿＿，消除视差的方法是＿＿＿＿＿＿＿＿＿＿＿＿＿＿＿＿＿＿＿＿＿＿＿＿＿＿＿。

3. 望远镜视准轴是＿＿＿＿＿＿＿＿＿＿＿＿＿＿＿＿＿＿＿＿＿的连线；水准管轴是＿＿＿＿＿＿＿＿＿＿＿＿＿＿＿＿＿＿。

4. 准星和缺口瞄准目标后，应固定＿＿＿＿＿，再转动＿＿＿＿＿，使十字丝纵丝落到尺面上。

（二）简答

1. 水准仪上的圆水准器和水准管各起什么作用？圆水准气泡居中说明水准仪已整平了吗？

答：

2. 水准仪的操作步骤是怎样的？

答：

3. 微倾水准仪读数之前是否每次都要将水准管气泡居中？为什么？

答：

实验二　普通水准测量

一、实验目的

(1)掌握普通水准测量的观测、记录、计算和校核。

(2)熟悉水准路线的布设形式。

二、实验器具

DS_3 型水准仪 1 台,水准尺 1 对,尺垫 1 对,记录夹 1 个。

三、实验内容

(1)做闭合水准路线测量或附合水准路线测量(至少要观测四测站)。

(2)观测精度满足要求后,根据观测结果进行水准路线高差闭合差的调整和高程计算。

(3)实验课时为 2 学时。

四、实验步骤

从指定水准点出发按普通水准测量的要求施测一条闭合水准路线,每人轮流观测两站,然后计算高差闭合差和高差闭合差的允许值。若高差闭合差在允许范围之内,则对闭合差进行调整,最后算出各测站改正后的高差。若闭合差超限,则应返工重测。

五、技术规定

(1)视线长度不超过 100 m,前、后视距应大致相等。

(2)限差要求

$$f_{h允} = \pm 40\sqrt{L} \quad \text{mm}$$

或

$$f_{h允} = \pm 12\sqrt{n} \quad \text{mm}$$

式中　L——水准路线长度,km;

　　n——测站数。

六、注意事项

(1)每次读数前水准管气泡要严格居中。

(2)注意用中丝读数,不要读成上、下丝的读数,读数时要消除视差。

(3)后视尺垫在水准仪搬动之前不得移动。仪器迁站时,前视尺垫不能移动。在已知高程点上和待定高程点上不得放尺垫。

(4)水准尺必须扶直,不得前后、左右倾斜。

七、实验问答

（一）填空

1. 水准路线的布设有____________、____________、____________三种形式。

2. 视线高是____________________加____________________。

3. 在水准测量中，尺垫放置的位置，既可立前尺，又可立后尺，这个位置称为____________。

4. 水准测量中，精确整平仪器读完后尺读数转向前尺时，发现符合气泡不再居中，应调____________螺旋，使气泡重新居中。

（二）简答

1. 水准测量中，何为测站、测段、水准路线？

答：

2. 水准测量中，何为转点？起什么作用？

答：

3. 水准仪安置在测站上，由后视转成前视，发现圆水准器气泡偏离中心，应如何处理？

答：

八、观测记录表

实验表2　水准测量记录表

测自　　　　点至　　　　点　　　　天气：　　　　呈像：　　　　日期：

仪器号码：　　　　　　　　　观测者：　　　　　　　　　记录者：

测站	测点	后视读数（m）	前视读数（m）	高差（m）		高程（m）	备注
				+	−		
校核计算	$\sum a - \sum b =$		$\sum h =$				

实验三　水准仪的检验与校正

一、实验目的

(1)弄清水准仪的主要轴线及它们之间的几何关系。

(2)掌握 DS_3 型水准仪的检验与校正。

二、实验器具

DS_3 型水准仪 1 台,水准尺 1 对,尺垫 1 对,记录夹 1 个。

三、实验内容

(1)圆水准器的检验与校正。

(2)望远镜十字丝的检验与校正。

(3)水准管轴平行视准轴的检验与校正。

(4)实验课时为 2 学时。

四、实验步骤

(一)圆水准器轴应平行于竖轴的检验与校正

(1)检验。①将仪器置于脚架上,然后踩紧脚架,转动脚螺旋使圆水准器气泡严格居中;②仪器转动 180°,若气泡仍处居中位置,则说明两者相互平行;若气泡偏离中心位置,则说明两者相互不平行,需要校正。

(2)校正。①稍微松动圆水准器底部中央的紧固螺丝;②用校正针拨动圆水准器校正螺丝,使气泡返回偏离中心的一半;③转动脚螺旋使气泡严格居中;④反复检查 2 ~ 3 遍,直至仪器转动到任何位置气泡都居中为止。

(二)十字丝横丝垂直于仪器竖轴的检验与校正

(1)检验。①严格整平水准仪,用十字丝交点对准一固定小点;②旋紧制动螺旋,转动微动螺旋,使横丝沿小点移动,如横丝移动时不偏离小点,则条件满足;反之则应校正。

(2)校正。用小起子松开十字丝分划板 3 颗固定螺丝,转动十字丝分划板使横丝末端与小点重合,再拧紧被松开的固定螺丝。

(三)水准管轴平行于视准轴的检验与校正

(1)检验。①在比较平坦的地面上选择相距 80 m 左右的 A、B 两点,分别在两点上放上尺垫,踩紧并立上水准尺;②置水准仪于 A、B 两点的中间,精确整平后分别读取两水准尺上中丝读数 a_1 和 b_1,求得正确高差 $h_1 = a_1 - b_1$(为了提高精度和防止错误,可两次测定 A、B 两点的高差,并取平均值作为最后结果);③将仪器搬至离 B 点 2 ~ 3 m 处,精确整平后再分别读取两水准尺上中丝读数 a_2 和 b_2,求得两点间的高差 $h_2 = a_2 - b_2$;④若 $h_1 = h_2$,则说明条件满足;若 $h_1 \neq h_2$,则该仪器水准管轴不平行于视准轴,需要校正。

(2)校正。①先求得 A 点水准尺上的正确读数 $a_3 = h_1 + b_2$;②转动微倾螺旋使中丝

读数由 a_2 改变成 a_3，此时水准管气泡不再居中；③用校正针拨动校正螺丝，使水准管气泡居中；④重复检查，直至 $|h_1-h_2|\leq 3$ mm 为止。

五、注意事项

（1）必须按实验步骤规定的顺序进行检验和校正，不得颠倒。

（2）拨动校正螺丝时，应先松后紧，一松一紧，用力不宜过大；校正结束后，校正螺丝不能松动，应处于稍紧状态。

六、实验问答

（一）填空

1. 水准仪应满足的几何条件有____________________，____________________，____________________。

2. 水准轴若不平行于视准轴，除加以校正外，只要在观测时，特别注意________________________，它对高差的影响可忽略不计。

3. 水准管轴平行于视准轴的检验顺序是________________，________________，________________。

（二）简答

1. 水准仪提供水平视线的主要条件是什么？

答：

2. 水准测量时，水准管气泡已严格居中，视线一定水平吗？为什么？

答：

3. 经过检验，如果圆水准管轴平行于仪器的竖轴，那么，是否只要圆水准器气泡居中，竖轴就一定处于铅垂位置？望远镜视准轴也一定处于水平位置？

答：

4. 水准仪检验校正时，若将水准仪搬向 A 尺，计算 B 尺正确读数的公式是什么？
答：

七、检校记录表格

实验表 3　水准仪检验与校正记录表

日期：　　　　　　　仪器型号：　　　　　　　检校者：

测站位置	计算符号	第一次	第二次	原　理　略　图
中间站	a_1			
	b_1			
	$a_1 - b_1$			
B端站	h			
	b_2			
	$h + b_2$			
	a_2			
	Δ			

实验四　经纬仪的认识和使用

一、实验目的

(1)了解 DJ_6 级光学经纬仪的基本构造及各部件的功能。

(2)练习光学经纬仪的对中、整平、照准、读数(要求对中误差不超过 3 mm,整平误差不超过 1 格)。

(3)测量两个方向间的水平角。实验课时为 2 学时。

二、实验器具

DJ_6 级光学经纬仪 1 台,记录板 1 块,测钎 2 根。

三、实验步骤

(一)安置经纬仪

经纬仪从箱中取出后,装到三脚架上,拧紧中心连接螺旋。然后熟悉仪器的构造和各部的功能,正确使用制动螺旋、微动螺旋、调焦螺旋和脚螺旋,了解分微尺的读数方法及水平度盘变换手轮。

(二)练习对中和整平

DJ_6 级光学经纬仪除有挂垂球对中外,还设有精度较高的光学对中器,利用光学对中器对中,其具体的操作方法如下:

(1)对中。①将三脚架安置在测站点上,并使架头大致水平,从架头中心落下一小石子来检查架头中心是否大致位于测点的铅垂线上;②调整仪器的三个脚螺旋,使光学对中器的中心标志对准测站点(不要求气泡居中);③伸缩三脚架腿使照准部圆水准器或管状水准器气泡大致居中(不必严格居中)。

(2)整平。使照准部水准管轴平行于两个脚螺旋的连线,转动这两个脚螺旋使水准气泡居中,将照准部旋转 90°,转动另一脚螺旋使水准气泡居中,在这两个位置来回数次,直到气泡任何方向都居中为止。若整平后发现对中有偏差,松开中心连接螺旋,移动照准部再进行对中,拧紧后仍需重新整平仪器,这样反复几次,就可对中整平。

(三)测量两个方向间的水平角

松开照准部和望远镜的制动螺旋,用准星和缺口瞄准左边目标,拧紧照准部和望远镜的制动螺旋。经过调焦使物像清晰,然后用照准部和望远镜的微动螺旋使十字丝的单丝(平分目标)或双丝(夹住目标)准确照准左目标,并读出水平度盘的读数(以 a 表示),记入手簿。松开照准部和望远镜的制动螺旋,顺时针转动照准部,如前所述再瞄准右目标,读出水平度盘读数(以 b 表示),记入手簿。$\beta = b - a$,当 b 不够减时,将 b 加上 360°。

四、注意事项

(1)仪器从箱中取出前,应看好它的放置位置,以免装箱时不能恢复到原位。

(2)仪器在三脚架上未固连好前，手必须握住仪器，不得松手，以防仪器跌落，摔坏仪器。

(3)仪器入箱后，要及时上锁；提动仪器前检查是否存在事故危险。

(4)转动望远镜或照准部之前，必须先松开制动螺旋，用力要轻；一旦发现转动不灵，要及时检查原因，不可强行转动。

五、实验问答

(一)填空

1. 将经纬仪置于三脚架头上，应随手拧紧__________螺旋。

2. 整平仪器时，使照准部水准管轴__________于两个脚螺旋的连线，转动这两个脚螺旋使__________居中，将照准部旋转__________，转动____________使气泡居中。在这两个位置来回数次，直到气泡任何方向都居中为止。

3. 经纬仪主要由______________和______________两部分组成。

4. 控制望远镜在竖直面内转动用__________螺旋，控制照准部在水平面转动用__________螺旋，变换度盘的读数用__________螺旋。

5. 照准目标时，应先松开__________螺旋和__________螺旋，用__________进行瞄准。经__________使物像和十字丝清晰，再用__________和__________螺旋精确照准目标。

(二)简答

1. 经纬仪上有照准部制动螺旋和微动螺旋，还有望远镜制动螺旋和微动螺旋，它们各起什么作用？

答：

2. 经纬仪对中、整平的目的各是什么？

答：

3. 为使照准部竖轴处于铅垂位置，是依靠圆水准器气泡居中，还是管水准器气泡居中？或两者皆要居中？为什么？

答：

六、经纬仪认识记录表

实验表4　水平角观测记录及计算表

目　标	水平度盘读数 (°　′　″)	水　平　角 (°　′　″)	备　注
左目标 *A*			
右目标 *B*			
左目标 *A*			
右目标 *B*			

实验五　测回法观测水平角

一、实验目的

(1)进一步熟悉 DJ_6 级光学经纬仪的使用。

(2)掌握测回法观测水平角的记录及计算。

二、实验器具

DJ_6 级光学经纬仪 1 台,记录板 1 块,测钎 2 根。

三、实验内容

练习用测回法观测水平角。实验课时为 2 学时。

四、实验要求

(1)每人至少测两测回。

(2)对中误差小于 3 mm,长水准管气泡偏离不超过一格。

(3)第一测回对零度,其他测回改变 $180°/n$。

(4)上、下半测回角值差不超过 24″,各测回角值差不超过 36″。

五、实验步骤

(1)将仪器安置在测站上,对中、整平后,以盘左照准左目标,用度盘变换手轮使起始读数略大于 0°02′,关上度盘变换手轮保险,将起始读数记入手簿;松开制动螺旋,顺时针转动照准部,照准右目标,读数并记入手簿,称为上半测回。

(2)倒转望远镜,盘右再照准右边目标,读数并记入手簿;松开制动螺旋,逆时针旋转照准部照准左目标,读数并记入手簿,称为下半测回。

(3)第一测回完成后,检查水准管气泡是否偏离;若气泡偏离值大于 1 格,需重新整平仪器再测第二测回。第二测回开始前,始读数要设置到 90°02′左右,再重复第一测回的各步骤。当两个测回间的测回差不超过 36″时,再取平均值。

六、注意事项

(1)一测回观测过程中,当水准管气泡偏离值大于 1 格时,应整平后重测。

(2)所设观测目标不应过大,否则以单丝平分目标或双丝夹住目标均有困难。

七、实验问答

(一)填空

1. 分微尺读数可直读到____________,估读到____________。

2. 照准和读数都要消除____________。

3. 竖盘位于望远镜的左边称为________,竖盘位于望远镜的右边称为________。

4. 同一测回中,照准部水准管气泡偏离不得超过______________格,若超过应________________。

5. 用测回法测角,各测回起始读数递增 180°/n 的目的是____________________。

(二)简答

1. 水平角观测中,右目标读数小于左目标读数时,应如何计算角值?

答:

2. 用经纬仪观测水平角时,为什么要用盘左和盘右观测,且取平均值?

答:

3. 测回法观测水平角的步骤是什么?

答:

4. 测回间为何变换水平度盘的起始值?

答:

八、观测记录表格

(见下页实验表5)

实验表 5　测回法水平角记录表

测站	竖盘位置	目标	水平度盘读数 (°　′　″)	半测回角值 (°　′　″)	一测回角值 (°　′　″)	各测回平均角值 (°　′　″)	备注

实验六　全圆方向法观测水平角

一、实验目的

(1)初步掌握全圆方向法测水平角的观测、记录、计算方法。

(2)进一步熟悉经纬仪的使用。

二、实验器具

DJ_6 级光学经纬仪 1 台,记录板 1 块,测钎 4 根。

三、实验内容

练习全圆方向法观测水平角。实验课时为 2 学时。

四、实验要求

(1)每人观测一个测回,四个方向,测回起始读数变动数值仍用式 $180°/n$ 计算。

(2)要求半测回归零差不大于 24″,各测回同一方向值互差不大于 24″。

五、实验步骤

(1)将仪器安置在测站上,对中、整平后,选择一个通视良好、目标清晰的方向作为起始方向(零方向)。

(2)盘左观测。先照准起始方向(称为 A 点),使度盘读数置到 0°02′左右,读数并记入手簿;然后顺时针转动照准部依次瞄准 B、C、D、A 点,将读数记入手簿。A 点两次读数之差称为上半测回归零差,其值应小于 24″。

(3)倒转望远镜,盘右观测。从 A 点开始,逆时针依次瞄准 D、C、B、A,读数并记入手簿。A 点两次读数差称为下半测回归零差。

(4)根据观测结果计算 $2C$ 值和各方向平均读数,再计算归零后的方向值。

(5)同一测站、同一目标、各测回归零后的方向值之差应小于 24″。

六、实验问答

(一)填空

1. 四个观测目标 A、B、C、D,用全圆方向法观测,其观测顺序为:盘左时,____________;盘右时,____________。

2. 归零差是指________________,测回差是指________________。

3. DJ_6 级光学经纬仪的归零差和测回差应不大于________________。

(二)简答

1. 全圆方向法观测水平角的步骤是怎样的?

答:

2. 在一测回观测过程中,发现水准管气泡已偏移了1格以上,是调整气泡后继续观测,还是必须重新观测? 为什么?

答:

七、实验记录表

实验表6　全圆方向法观测记录表

测站	测点	水平度盘读数		$\frac{盘左+(盘右\pm180°)}{2}$	一测回归零后方向值	各测回平均方向值	平均角值	备注
		盘左 (°　′　″)	盘右 (°　′　″)	(°　′　″)	(°　′　″)	(°　′　″)	(°　′　″)	

实验七　竖直角观测

一、实验目的

(1)了解竖直度盘与望远镜的转动关系以及竖盘指标与竖盘指标水准管的关系。

(2)掌握竖直角的观测、记录及指标差和竖直角的计算。

二、实验器具

DJ_6 级光学经纬仪 1 台,记录板 1 块。

三、实验内容

用盘左、盘右观测一高处目标的竖直角进行竖直角的练习。实验课时为 2 学时。

四、实验要求

(1)每人照准一目标观测两个测回。

(2)两测回的竖直角及指标差之差均小于 24″。

五、实验步骤

(1)盘左十字丝横丝切准目标,用竖盘指标水准管的微倾螺旋使竖盘指标水准管气泡居中,读取竖盘的读数,记入手簿。

(2)盘右瞄准目标,再次使竖盘气泡居中,读数并记入手簿。

(3)按公式 $x=\dfrac{(L+R)-360°}{2}$ 算出指标差;再按公式 $\alpha=90°-L+x$ 或 $\alpha=R-270°-x$ 算出竖直角。

六、实验问答

(一)填空

1. 竖盘读数前应使＿＿＿＿＿＿＿＿＿＿＿居中。
2. 竖直角观测采用盘左、盘右观测是为了计算＿＿＿＿＿＿＿＿,并消除其影响。
3. 经纬仪提供水平视线的条件是＿＿＿＿＿＿＿＿＿＿＿。

(二)简答

1. 经纬仪是否也能像水准仪那样提供一条水平视线?如何提供?若 DJ_6 级经纬仪竖盘的指标差为 +48″,则竖盘读数为多少时才是一条水平视线?

答:

2. 用盘左、盘右观测一个目标的竖直角，其值相等吗？若不相等，说明什么？应如何处理？

答：

七、实验记录表格

实验表7　竖直角观测记录表

仪器型号：　　　　观测者：　　　　记录者：　　　　日期：

测　站	目标	竖盘位置	竖盘读数 (° ′ ″)	指标差 (″)	竖 直 角 (° ′ ″)	备　注

实验八　经纬仪的检验与校正

一、实验目的

(1)通过实验掌握经纬仪应满足的几何条件,并检验这些几何条件是否满足要求。
(2)初步掌握照准部水准管、视准轴、十字丝和竖盘指标水准管的校正方法。

二、实验器具

DJ_6 级光学经纬仪 1 台,校正针 1 根,螺丝刀 1 把,记录板 1 块,花杆 2 根。

三、实验内容

(1)照准部水准管的检校。
(2)十字丝的检校。
(3)视准轴的检校。
(4)横轴的检校。
(5)竖盘指标差的检校。
(6)实验课时为 2 学时。

四、实验要求

各项内容经检验,若发现条件不满足,不进行校正,但要弄清要校正时应该拨动哪些校正螺丝。

五、实验步骤

(一)照准部水准管轴的检验与校正

(1)检验。架好仪器后,调节两个脚螺旋,使水准管气泡严格居中,旋转照准部 180°,若气泡偏离中心大于 1 格,则需校正。

(2)校正。拨动水准管的校正螺丝,使气泡返回偏离格值的一半,另一半用脚螺旋调节,使气泡居中。若气泡偏离值小于 1 格,一般可不校正。

(二)十字丝竖丝垂直于横轴的检验与校正

(1)检验。用十字丝交点照准一个明显的点状目标,转动望远镜微动螺旋,若该目标离开竖丝,则需要校正。

(2)校正。旋下望远镜前护罩,拨松十字丝分划板座的四个固定螺旋,微微转动十字丝环,使竖丝末端与该目标重合。重复上述检验,满足要求后,再旋紧四个固定螺丝和装上护罩。

(三)视准轴垂直于横轴的检验与校正

(1)检验方法。用盘左和盘右分别照准与仪器大致同高的同一目标并读取水平度盘读数,如果盘左和盘右读数之差不为 180°,则说明该项条件不满足。其差值为两倍视准

轴误差,用 $2C$ 表示。即:$C=\frac{1}{2}[m_{左}-(m_{右}\pm180°)]$。当 $|C|>1'$ 时,需校正。

(2)校正方法。在盘右位置,转动水平微动螺旋使水平度盘读数为正确读数 $M_{右}(m_{右}+C)$。此时,望远镜十字丝交点必然偏离了目标。旋下十字丝分划板护盖,稍微松开十字丝环上、下两个校正螺丝,再用校正针拨动十字丝环的左右两个校正螺丝,松一个,紧一个,推动十字丝环左右移动,使十字丝竖丝精确照准目标。如此反复检校几次,直至符合要求后,拧紧上、下两螺丝,旋上十字丝分划板护盖。

(四)横轴垂直于竖轴的检验与校正

(1)检验。盘左瞄准楼顶一目标 P,松开望远镜制动螺旋,慢慢将望远镜放到水平位置,在墙上标出一点 a;盘右再瞄准 P 点,将望远镜放到水平位置又标出一点 b;若 a、b 两点不重合,相距超过规定限差,应进行校正。

(2)校正。用十字丝交点照准 ab 的中点,然后将望远镜上翘到和 P 点同高的位置;取下左边支架盖板(盘右时),松开偏心环(轴瓦)的固定螺丝,转动偏心环,使十字丝交点对准 P 点。最后拧紧偏心环固定螺丝,盖上护盖。

(五)竖盘指标差的检验与校正

(1)检验。瞄准一个明显的小目标,读取盘左、盘右的竖盘读数 L 和 R,按公式 $x=\frac{(L+R)-360°}{2}$ 计算出指标差。若指标差大于 60″,则应校正。

(2)校正。先算出盘右的竖盘正确读数 $(R-x)$,以盘右照准原目标,用指标水准管微倾螺旋使竖盘读数变为正确读数,此时指标水准管气泡偏离中心;旋下指标水准管校正螺丝的护盖,再用校正针将指标水准管气泡调至居中,然后重复检验一次。

六、实验问答

(一)填空

1. 经纬仪应满足的几何条件有__________,__________,__________,__________。

2. 校正照准部水准管时,气泡偏离量的一半用校正__________,另一半用__________调整。

3. 若竖盘指标差大于__________应校正。先算出竖盘的正确读数为__________,调节度盘读数为正确读数。

(二)简答

1. 简述检验视准轴应垂直于仪器横轴的步骤。

答:

2. 若用盘左校正指标差,盘左的正确读数应怎样计算?

答:

实验九　视距测量

一、实验目的

学会视距测量的观测、记录和计算。

二、实验器具

经纬仪 1 台，水准尺 1 根，小钢尺 1 把，计算器（可编程序）1 个（自备），记录板 1 块。

三、实验内容

练习经纬仪视距测量的观测与记录。实验课时为 2 学时。

四、实验要求

（1）每组同学各人轮换测量周围 5 个固定点，将观测数据记录在实验报告中，并用计算器算出水平距离与高差。

（2）水平角、竖直角读数到分，水平距离计算到 0.1 m，高差计算至 0.1 m。

五、实验步骤

（1）在测站上安置经纬仪，对中、整平后，量取仪器高 i（精确到厘米），假定测站点地面高程为 H_0。

（2）选择若干个地形点，在每个点上立水准尺，读取上、下丝读数、中丝读数 v（可取与仪器高相等，即 $v=i$）、竖盘读数 L 并分别记入视距测量手簿。竖盘读数时，竖盘指标水准管气泡应居中。

（3）用公式 $D = Kl\sin^2 L$ 及 $h = D \div \tan L + i - v$ 计算平距和高差。用公式 $H_i = H_0 + D \div \tan L + i - v$ 计算高程。

六、注意事项

（1）视距测量前应校正竖盘指标差。

（2）标尺应严格竖直。

（3）仪器高度、中丝读数和高差计算精确到厘米，平距精确到分米。

（4）一般用上丝对准尺上整米读数，读取下丝在尺上的读数，心算出视距。

七、实验问答

（一）填空

1. 写出视距计算公式：$D=$ ____________________。

2. 视距测量需要读取的数据有_______________、_______________、_______________、_______________。

（二）简答

平坦地区为了实际作业方便起见，碎部点的平面位置和高程可分别求出，即视距作为平距无须倾斜改正。需要求得碎部点的高程时，可用经纬仪“水准法”。试述经纬仪水准法（亦称水平中丝读数法）的实验步骤。

答：

八、记录表格

实验表 8　视距测量记录表

测站名称：　　　　　　　　　测站高程：　　　　　　　　　仪器高：

点号	视距读数		视距（m）	中丝读数（m）	竖盘读数（° ′ ″）	平距（m）	高差（m）	高程（m）
	上丝	下丝						

实验十 罗盘仪定向

一、实验目的

学会用罗盘仪测定磁方位角。

二、实验器具

罗盘仪、花杆、木桩、记录夹。

三、实验内容

(1)结合仪器了解罗盘仪的构造与作用。
(2)练习罗盘仪的安置、瞄准目标与读数。
(3)利用罗盘仪测定直线的正反方位角。

四、实验要求

每人对一直线进行正反方位角观测两次并记录。

五、实验问答

(1)罗盘仪主要由__________、__________和__________部分组成。
(2)罗盘仪安置和使用步骤是__________、__________、__________。
(3)罗盘仪的读数方法是______________________________。

六、记录表格

实验表9 罗盘仪测定直线方向记录表

日期： 观测者： 记录者：

次序	直线起止点号	正方位角	反方位角	差 值	正反方位角均 值	各次平均值

实验十一　四等水准测量

一、实验目的

(1)掌握四等水准测量的观测、记录、计算及校核方法。

(2)熟悉四等水准测量的主要技术要求,水准路线的布设及闭合差的计算。

二、实验器具

DS_3 水准仪 1 台,双面水准尺 1 对,尺垫 2 个,记录板 1 块。

三、实验内容

(1)用四等水准方法观测一闭合路线。

(2)进行高差闭合差的调整与高程计算。

(3)实验课时为 4 学时。

四、实验步骤

(一)观测

选择一条闭合水准路线,按下列顺序进行逐站观测:

(1)照准后视尺黑面,精平后,读取下、上、中三丝读数,记入手簿,照准后视尺红面,读取中丝读数,记入手簿。

(2)照准前视尺,重新精平,读黑面尺下、上、中三丝读数,再读红面尺中丝读数,记入手簿。以上观测顺序简称为“后—后—前—前”。

(二)记录

将观测数据记入表中相应栏中,并及时算出前后视距及前后视距差、视距差累积、红黑面读数差、红黑面高差及其差值。每项计算均有限差要求,当符合限差要求后,方可迁站,直至测完全程。

(三)内业计算

(1)计算线路总长度。

(2)根据各站的高差中数,计算高差闭合差。

(3)当高差闭合差符合限差要求时,进行闭合差的调整及计算各待定点的高程。

五、技术要求

(1)黑、红面读数差(即 K + 黑 − 红)不得超过 ±3 mm。

(2)一测站红、黑面高差之差不得超过 ±5 mm。

(3)前、后视距差不得超过 3 m,全程累积差不得超过 10 m。

(4)视线高度以三丝均能在尺上读数为准,视线长度小于 100 m。

(5)高差闭合差应不超过 $\pm 20\sqrt{L}$ mm 或 $\pm 8\sqrt{n}$ mm。

六、注意事项

(1)观测的同时,记录员应及时进行测站计算检核,符合要求方可搬站,否则应重测。
(2)仪器未搬站时,后视尺不得移动;仪器搬站时,前视尺不得移动。

七、实验问答

(一)填空

1. 四等水准测量的各项限差是:①前、后视距差__________;②视距累积差__________;③最大视距__________;④红、黑面读数差__________;⑤红、黑面高差之差__________;⑥全长高差允许闭合差为__________或__________。

2. 四等水准测量一测站的观测顺序为:__________________;中丝读数前特别注意__________________。

(二)简答

1. 简述四等水准测量一测站的观测程序。

答:

2. 四等水准测量为何限制前后视距差?

答:

3. 四等水准测量一个测站上都有哪些限差?

答:

八、实验记录

实验表 10　四等水准测量记录表

（返）测自　　　　　至　　　　　年　　月　　日　　　　　观测者：

时刻　始　　时　　分　天气：　　　　风向风力：

　　　末　　时　　分　呈像：　　　　太阳方向：　　　　记录者：

　　　　　　　　　　　温度：　　　　土　质：

测站编号	点号	后尺 下丝	前尺 下丝	方向及尺号	标尺读数		K加黑减红	高差中数	备注
		上丝	上丝		黑	红			
		后距	前距						
		视距差 d	$\sum d$						
				后					
				前					
				后－前					
				后					
				前					
				后－前					
				后					
				前					
				后－前					
				后					
				前					
				后－前					
				后					
				前					
				后－前					
				后					
				前					
				后－前					
				后					
				前					
				后－前					

实验十二　碎部测量

一、实验目的

了解经纬仪配合量角器测图的方法和步骤，掌握在一个测站上的测绘工作。

二、实验器具

经纬仪 1 台，小平板 1 副，视距尺 1 根，量角器 1 个，三角板 1 副，小钢卷尺 1 把，小针 1 根。自备橡皮、铅笔、可编程序计算器。

三、实验内容

（1）在一个测站点上施测周围的地物和地貌，采用边测边绘的方法进行。

（2）根据地物特征点勾绘地物轮廓线，根据地貌特征点按等高距为 1m，用目估法勾绘等高线。

（3）实验课时为 2 学时。

四、实验步骤

（1）在测站上安置经纬仪，对中、整平、定向（选择起始零方向，使水平度盘对零）。然后量取仪器高，假定测站点高程。

（2）图板安置在测站点附近，在图纸上定出测站点位置，画上起始方向线，将小针钉在测站点上，并套上量角器使之可绕小针自由转动。

（3）跑尺员按地形地貌，有计划地跑点。

（4）观测员对每一立尺点依次读取视距截尺、竖直度盘和水平度盘读数。

（5）用可编程序计算器计算平距和高程。

（6）绘图员根据水平角读数和平距将立尺点展绘到图纸上，并在点位右侧注上高程；然后按照实际地形勾绘等高线和按地物形状连接各地物点。

五、注意事项

（1）测定碎部点只用竖盘盘左位置，故观测前需校正竖盘指标差，使其小于 1′。

（2）观测员报出水平角后，绘图员随即将零方向线对准量角器上水平角读数。待报出平距和高程后，马上展绘出该碎部点。

（3）比较平坦的地区，可用“平截法”测定碎部点，将竖盘读数对准 $L=90°$（竖盘水准管气泡居中），读出中丝截尺数 v，即可算出该点高程 $H=H_0+i-v$。读取视距时，仍用上丝对准尺上整米数；因为倾角很小，视距不加倾斜改正即为平距。在平坦地区，采用“平截法”测定碎部点，计算简单，碎部点的高程精度亦较高。

（4）每测 30 个碎部点要及时检查零方向，此工作称为归零，归零差不得超过 5′。

六、实验问答

(一)填空

1. 经纬仪安置在测站点上,需__________、__________、__________。

2. 视线高为__________加__________。

3. 地物特征点是指__________________________。

4. 地貌特征点是指______________________________。

(二)简答

1. 测一个碎部点需观测哪些数据?

答:

2. 简述测量碎部点一个测站上的工作要点。

答:

七、实验记录

实验表 11　碎部测量手簿

测区:　　　　测站:　　　　仪器高:　　　　指标差:

定向点:　　　　测站高程:　　　　观测者:　　　　记录者:

测　点	水平角(° ′ ″)	视　距(m)	竖盘读数(° ′ ″)	水平距离(m)	测点高程(m)	备　注

第二篇　习题部分

习题一　问 答 题

1. 什么叫水准面、大地水准面、参考椭球体?
答:

2. 什么叫绝对高程和相对高程? 我国的高程基准有何变化?
答:

3. 确定地面点空间位置的要素是什么? 测量的三项基本工作是什么?
答:

4. 测量学中的平面坐标系与数学中的坐标系有什么不同?
答:

习题二　高差、高程计算

1. 设 A 点为后视点，B 点为前视点。A 点的高程为 75.220 m，当后视读数为 1.221 m，前视读数为 1.454 m 时，问高差是多少？B 点比 A 点高还是比 A 点低？B 点高程是多少？试绘图说明。

答：

2. 如习题图 1，各测站的前后视读数已注明，A 点的高程为 74.320 m，将其填入普通水准测量记录表中（习题表 1），计算各转点和 B 点的高程，并进行检核。

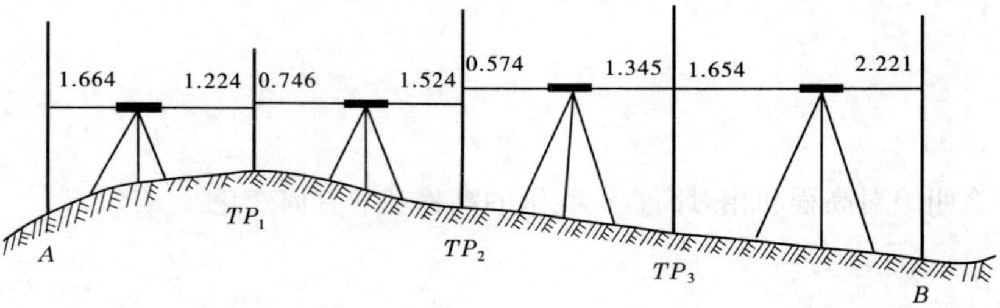

习题图 1

习题表 1　普通水准记录表

测　站	测　点（立尺点）		中丝读数（m）	高差（m）+	高差（m）−	高　程（m）	备　注
	后尺						
	前尺						
	后尺						
	前尺						
	后尺						
	前尺						
	后尺						
	前尺						
	后尺						
	前尺						
	后尺						
	前尺						
检核	后尺						
计算	前尺						

3. 根据习题图 2 普通闭合水准线路，观测高差、测段长度和已知高程在习题图 2 中已注明，在习题表 2 中进行高差闭合差的调整，并推算各点的高程。

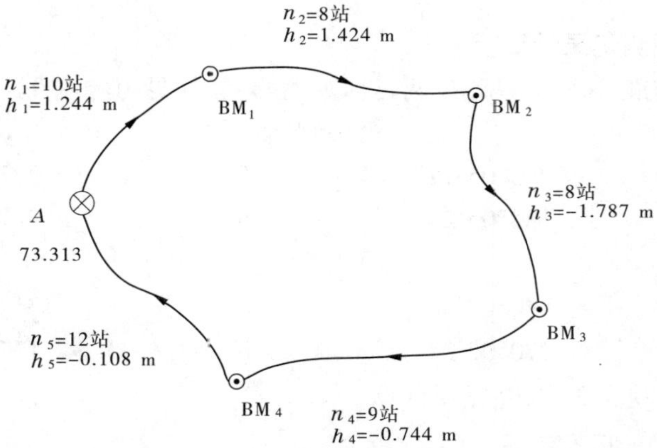

习题图 2

习题表 2　普通水准高程计算表

点名(号)	测站数 n	观测高差 (m)	改正数 (m)	改正后高差 (m)	高　程 (m)	备　注
						H_A = 73.313 m
计算及检核						

习题三　水平角观测记录计算练习

（一）测回法观测记录计算

在测站 O 上瞄准 A（左）、B（右）两目标观测两测回（见习题图 3），观测值如下：

第一测回

盘左：A	0°05′12″	B	227°48′42″
盘右：A	180°05′24″	B	47°48′36″

第二测回

盘左：A	90°02′36″	B	317°45′42″
盘右：A	270°02′24″	B	137°45′36″

将以上数据填入习题表 3 中，并完成计算。

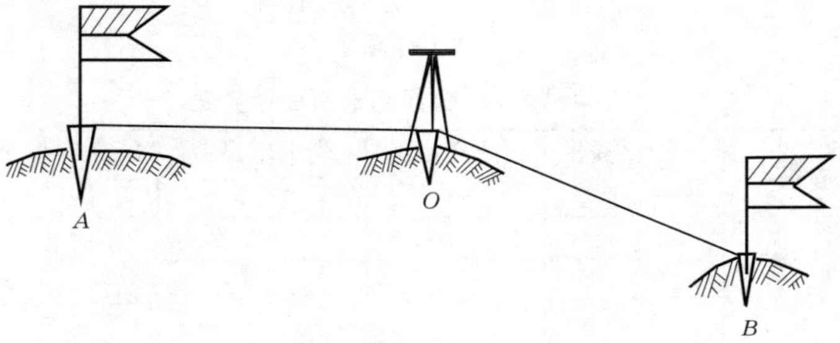

习题图 3

习题表 3　测回法水平角记录

测站	测回	竖盘读数	目标	水平度盘读数（° ′ ″）	半测回角值（° ′ ″）	一测回角值（° ′ ″）	各测回平均角值（° ′ ″）	备注
	第　测回							
	第　测回							

（二）全圆方向法观测记录计算

用 J_6 型经纬仪按全圆方向法观测水平角，观测数据见习题表 4。根据这些数据完成表格中的计算，检查各项限差是否超限（限差按教材上的规定）。

习题表 4　全圆测回法记录

测站：*O*

测回	测点	水平度盘读数 盘左 (° ′ ″)	水平度盘读数 盘右 (° ′ ″)	2*C* (″)	$\frac{左+右\pm180°}{2}$ (° ′ ″)	归零方向值 (° ′ ″)	各测回平均方向值 (° ′ ″)	水平角 (° ′ ″)
第一测回	*A*	00 02 36	180 02 48					
	B	42 26 30	222 26 36					
	C	96 43 30	276 43 42					
	D	179 50 54	359 50 48					
	A	00 02 36	180 02 42					
第二测回	*A*	90 02 36	270 02 42					
	B	132 26 54	312 26 48					
	C	186 43 42	6 43 30					
	D	269 50 54	89 51 00					
	A	90 02 42	270 02 48					

习题四　竖直角观测记录计算练习

习题表 5　竖直角观测记录计算表

测站：*N*　　　　仪器高：1.46 m

觇点	觇标高	竖盘读数 盘左 (° ′ ″)	竖盘读数 盘右 (° ′ ″)	指标差 (″)	竖直角 (° ′ ″)	备注
A	2.3	71 44 24	288 16 12			
B	2.0	96 32 42	263 27 36			
C	1.8	81 34 06	278 25 42			
D	2.0	94 33 24	265 26 06			
计算公式	$x=\frac{L+R-360°}{2}$　　$\alpha=90°-(L-x)$　　$\alpha=(R-x)-270°$					

习题五　视距测量记录计算

用计算器计算习题表6视距测量结果，求出水平距和高程。计算公式：

$$D = Kl\cos^2\alpha \qquad H_i = H_0 + D\tan\alpha + i - v$$

或

$$D = Kl\sin^2 L \qquad H_i = H_0 + D \div \tan L + i - v$$

习题表6　视距测量记录表

测站：A　　测站高程：70.44 m　　仪器高：1.36 m

点号	下丝读数 上丝读数 R 间隔	中丝读数 v (m)	竖盘读数 L (°　′)	竖直角 α (°　′)	水平距离 D (m)	高　程 H (m)	备注
1	2.268 1.454 	1.88	90　00				
2	1.766 0.902 	1.36	84　30				
3	2.550 0.503 	1.36	97　26				
4	2.888 1.180 	2.00	76　13				
5	2.570 1.420 	1.80	123　45				
6	2.481 1.048 	1.50	97　48				
7	2.753 1.898 	1.6	83　22				

习题六　直线丈量和直线定向

1. 设某钢尺鉴定时，$P = 10$ kg，$t_0 = 20$ ℃，实际长度为50.018 m，今用它在拉力 $P = 10$ kg，丈量 A、B 直线长度，钢尺膨胀系数为0.000 012/℃，丈量数据见习题表7，求 AB 直线的水平距离是多少？（保留三位小数）。

三项改正公式：

$$\Delta L_t = 0.000\,012(t - t_0)L_i \qquad \Delta L_i = (L_{实} - L_{名})L_i / L_{名} \qquad \Delta L_h = -\frac{h^2}{2L_i}$$

习题表7　直线丈量记录计算表

尺段	次数	钢尺读数		尺段长度（m）	尺段平均长度（m）	温度 t	高差 h	尺长改正（m）	改正后的尺段长度（m）
		前尺（m）	后尺（m）			温度改正（m）	倾斜改正（m）		
A 1	1	49.938	0.060			11.8	+0.270		
	2	49.956	0.080						
	3	49.944	0.067						
1 2	1	49.920	0.015			12.6	+0.170		
	2	49.935	0.031						
	3	49.947	0.042						
2 3	1	49.902	0.020			14.5	+1.780		
	2	49.924	0.041						
	3	49.936	0.052						
3 B	1	17.344	0.040			14.8	+1.500		
	2	17.366	0.061						
	3	17.376	0.073						
$\sum$									

2. 什么是直线定向？什么是真子午线、磁子午线？什么是真方位角、磁方位角和坐标方位角？

答：

3. 已知 A、B 两点正方位角 $\alpha_{AB} = 75°48'$，三角形内角 $\angle ABC = 53°12'$，$\angle BAC = 58°36'$，如习题图 4 所示，求坐标方位角 α_{BA}、α_{CB}、α_{CA}、α_{BC}。

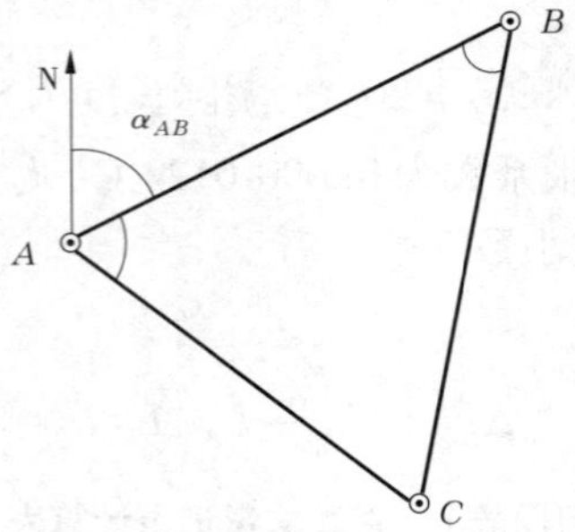

习题图 4

$\alpha_{BA} =$ $\alpha_{CB} =$ $\alpha_{CA} =$ $\alpha_{BC} =$

4. 如习题图 5 所示，已知 $\alpha_{AB} = 75°08'$，$\angle B = 230°15'$，$\angle C = 154°53'$，求 BC、CD 方位角。

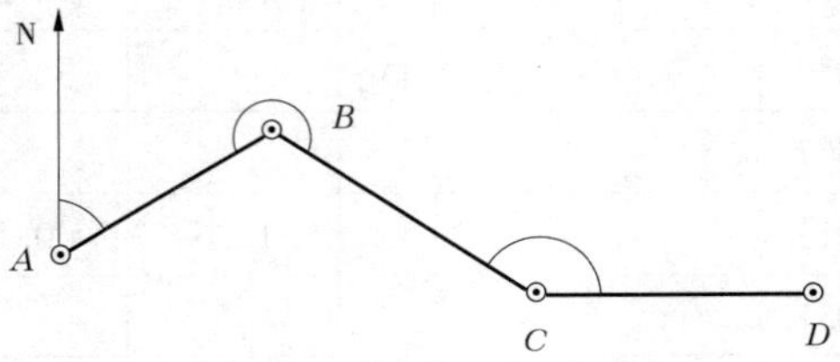

习题图 5

$\alpha_{BC} =$ $\alpha_{CD} =$

5. 已知 A 点的坐标 $x_A = 441.29$ m，$y_A = 443.20$ m。AB 两点的距离是 $D_{AB} = 190.78$ m，AB 边的方位角为 158°40′24″，计算 B 点的坐标（保留两位小数）。

$x_B =$

$y_B =$

6. 已知 A 点的坐标 $x_A = 106.580$ m，$y_A = 649.886$ m，B 点的坐标 $x_B = 174.789$ m，$y_B = 619.024$ m，求 AB 边的方位角和水平距离（方位角保留到秒，距离保留到毫米）。

$\alpha_{AB} =$

$D_{AB} =$

习题七　导线计算

1. 习题图 6 为一闭合导线，观测数据和已知数据见习题表 8，请完成习题表 8 的计算（坐标保留两位小数）。

习题表 8　闭合导线计算

点号	观测角 (°　′　″)	改正后角值 (°　′　″)	坐标方位角 (°　′　″)	边长 (m)	坐标增量(m)		坐标值(m)	
					Δx	Δy	x	y
1	2	3	4	5	6	7	8	9
A							1 050.00	1 050.00
			65　18　00	200.37				
B	135　48　26							
				241.04				
C	84　10　06							
				263.39				
D	108　26　30							
				201.58				
E	121　27　24							
				231.32				
A	90　07　06						1 050.00	1 050.00
			65　18　00					
B								
$\sum$								

计算公式：

$\sum\beta_{测} =$　　　$f_{\beta容} = \pm 60''\sqrt{n} =$　　　$f_D = \sqrt{f_x^2 + f_y^2} =$

$\sum\beta_{理} = (n-2)180°$　　　$f_x =$

$f_\beta =$　　　$f_y =$　　　$K = \dfrac{f_D}{\sum D} =$

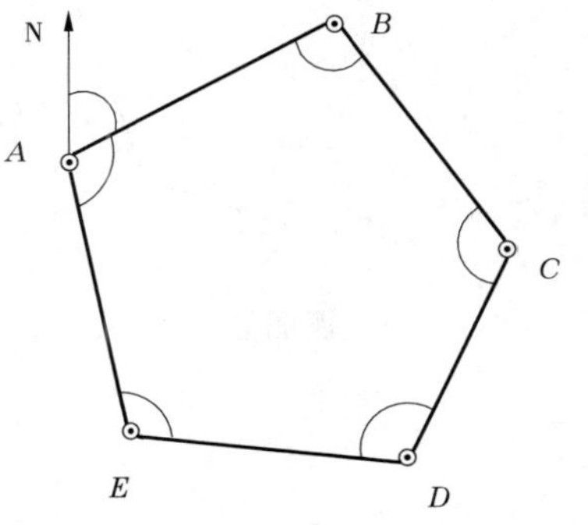

习题图 6

2. 习题图 7 所示的附合导线，观测和已知数据见习题表 9，请完成该表的计算（坐标保留两位小数）。

习题表 9　附合导线计算表

点号	观测角 (° ′ ″)	改正后角值 (° ′ ″)	坐标方位角 (° ′ ″)	边长 (m)	坐标增量(m) Δx	坐标增量(m) Δy	坐标值(m) x	坐标值(m) y
1	2	3	4	5	6	7	8	9
B								
			224 02 40					
A	114 17 06						741.97	1 169.52
				182.20				
1	146 58 54							
				121.37				
2	135 12 12							
				189.60				
3	145 38 06							
				150.85				
E	158 02 48						638.43	1 631.50
			24 10 48					
F								
$\sum$								

计算公式：

$\alpha'_{EF} = \alpha_{AB} - n \times 180° + \sum \beta_{测} =$　　$f_x =$　　$f_y =$　　$f_D = \sqrt{f_x^2 + f_y^2} =$

$f_\beta = \alpha'_{EF} - \alpha_{EF} =$　　$f_{\beta容} = \pm 60'' \sqrt{n} =$　　$K = \frac{f_D}{\sum D} \approx$

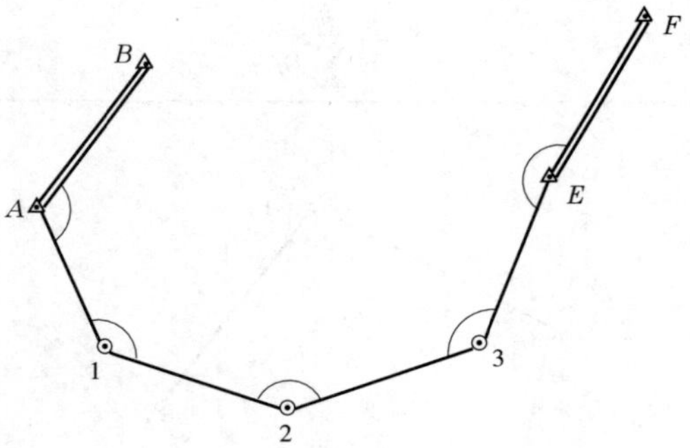

习题图 7

习题八　前方交会计算

如习题图 8 所示的前方交会，已知数据和观测数据见习题表 10，试完成习题表 10 的计算。

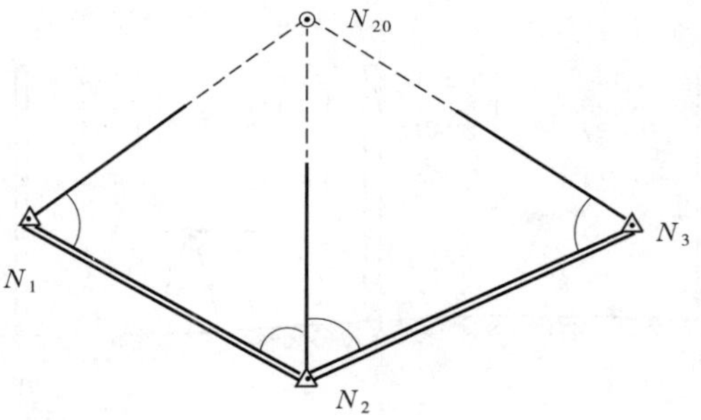

习题图 8

习题表 10　前方交会计算表

已知数据	N_1 N_2	x_A = 1 659.232 m x_B = 1 406.593 m	y_A = 2 355.537 m y_B = 2 654.051 m	观测值	$\alpha = 69°11'04''$ $\beta = 59°42'39''$
未知点 *P* 的坐标	N_{20}	x_P =	y_P =		
已知数据	N_2 N_3	x_A = 1 406.593 m x_B = 1 589.736 m	y_A = 2 654.051 m y_B = 2 987.304 m	观测值	$\alpha = 51°15'22''$ $\beta = 76°44'30''$
未知点 *P* 的坐标	N_{20}	x_P =	y_P =		
P 点坐标平均值	N_{20}	$x_{P中}$ =	$y_{P中}$ =		

习题九 四等水准测量记录计算

根据习题图 9 所给出的四等测量数据，将各站的观测数据按四等作业的观测程序填入习题表 11 中，并进行计算。

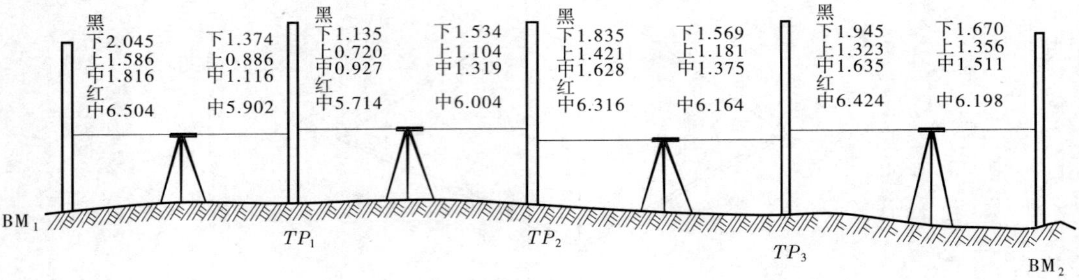

习题图 9

习题表 11 四等水准记录表

测站编号	点号	后尺 下丝	前尺 下丝	方向及尺号	标尺读数		K加黑减红	高差中数	备注
		后尺 上丝	前尺 上丝		黑面	红面			
		后距	前距						
		视距差 d	$\sum d$						
				后					
				前					$K_1=4\ 687$
				后－前					$K_2=4\ 787$
				后					
				前					
				后－前					
				后					
				前					
				后－前					
				后					
				前					
				后－前					
				后					
				前					
				后－前					

习题十　四等水准测量高差闭合差的调整与高程计算

如习题图 10 所示的附合水准路线，已知 BM_1 的高程为 74.053 m，BM_2 的高程为 75.100 m，按四等水准的精度要求，进行高差闭合差的调整，并推算各点的高程（L 是距离，h 是实测高差）。观测数据为：

$L_1 = 1\ 120$ m　　$L_2 = 560$ m　　$L_3 = 840$ m　　$L_4 = 700$ m

$h_1 = 1.332$ m　　$h_2 = 1.012$ m　　$h_3 = -0.243$ m　　$h_4 = -1.084$ m

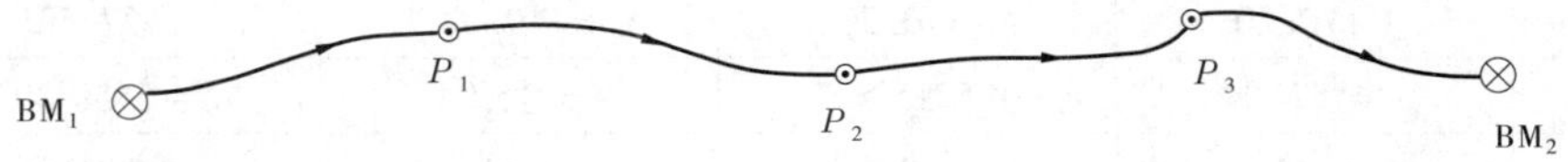

习题图 10

习题表 12　四等水准高程计算表

点　名	距离（km）	观测高差（m）	改正数（m）	改正后高差（m）	高　程（m）	备　注
BM_1					74.053	
P_1						
P_2						
P_3						
BM_2					75.100	
计算及检核	$f_h =$ $f_{h容} = \pm 20\sqrt{L}$					

习题十一　三角高程的计算

现已将外业观测数据和起算点的高程填入三角高程计算习题表 13 中，试按表格计算所求点 P_1 和 P_2 的高程。

习题表 13　三角高程计算表

所求点	P_1		P_2	
起始点	N_1	N_1	N_3	N_4
觇　点	直	反	直	直
D(m)	1 170.20	1 170.20	1 119.98	527.52
α	−4°57′28″	+5°15′58″	+5°15′04″	+5°59′39″
i(m)	1.24	1.43	1.51	1.41
v(m)	4.49	4.55	4.50	4.14
f(m)				
h(m)				
$H_{起}$(m)	584.26	584.26	284.16	331.64
H_P(m)				
中数 H_P(m)				

习题十二　等高线的绘制

习题图 11 是某地区的野外碎部测量成果，用 1 m 的等高距勾绘等高线，并将计曲线加粗，注明高程。（图中实线为山脊线，虚线为山谷线）

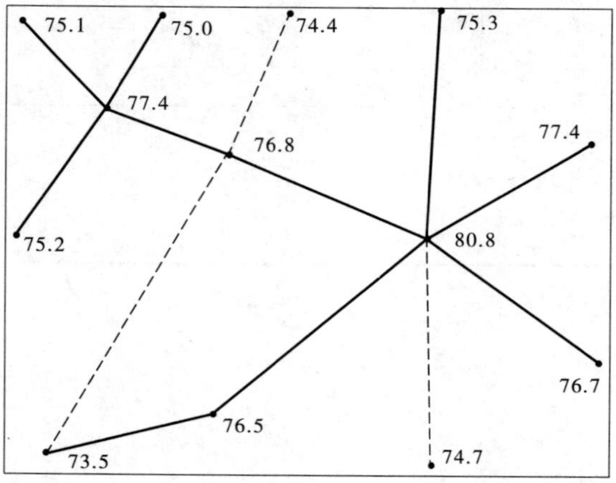

习题图 11

习题十三　圆曲线测设计算

设某一圆曲线的交点桩的里程为 2 +856.47，转折角为 45°30′，半径为 600 m，试计算圆曲线的元素及各主点的里程桩号。

1. 圆曲线元素的计算公式：

切线长：$T = R\tan\frac{\alpha}{2} =$

曲线长：$L = \frac{\pi R}{180°}\alpha =$

外矢距：$E = R(\sec\frac{\alpha}{2} - 1) =$

2. 圆曲线三主点的里程桩号的计算：

圆曲线起点的里程桩号 = 转折点的里程桩号 − 切线长 =

圆曲线终点的桩号 = 圆曲线起点的里程桩号 + 切线长 =

圆曲线中点的里程桩号 = 曲线起点的里程桩号 + 曲线长的一半 =

习题十四　纵断面计算与绘制

根据习题表 14 中的记录数据，计算视线高及测点高程，填入表中，并绘出纵断面图（0+000桩的设计高程为 76.4 m，渠坡降为 1‰）。

习题表 14　纵断面记录计算表

点　号	后　视 (m)	视线高 (m)	间　视 (m)	前　视 (m)	高　程 (m)	备　注
BM_1	1.625				76.250	已知点
TP_1	1.730			0.986		
0+000				2.023		
0+100			1.64			
0+200			1.33			
0+230			1.88			
0+300	2.101			1.622		
0+400			1.99			
0+500	2.001			2.652		
TP_2	1.202			2.010		
BM_2				1.662	76.071	已知点

纵断面图绘制：

习题十五　施工放样计算

1. 如习题图 12 所示，已知 AB 边的坐标方位角 $\alpha_{AB}=206°18'30''$，B 点的坐标 $x_B=423.287$ m，$y_B=543.685$ m，房屋的一个角点 P 的设计坐标为 $x_P=450.000$ m，$y_P=660.000$ m。试计算经纬仪安置在 B 点，用极坐标法测设 P 点的放样元素 β 角和距离 S_{BP} 各为多少？

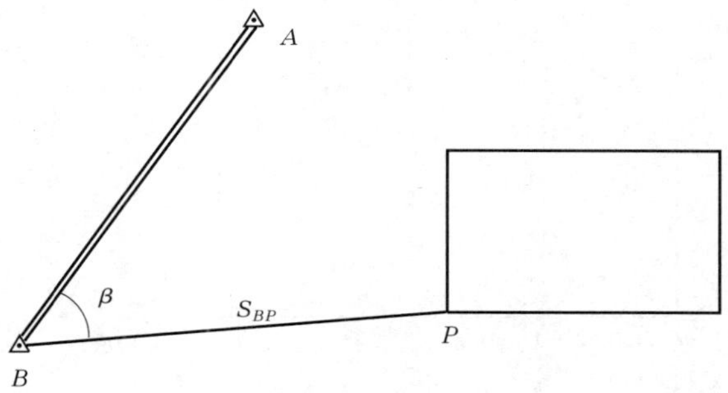

习题图 12

2. 已知某水准点 A 的高程 $H_A=72.376$ m，B 的设计高程为 $H_B=73.254$ m。如水准仪安置在 A、B 两点之中间，水准仪照准 A 点上水准尺的读数 $a=1.624$ m，试求 B 点水准尺读数 b 应是多少时，B 点上水准尺底部才是其设计高程？

习题十六　解析法面积计算

如习题图 13 所示，求 J_1、J_2、J_3、J_4 四个界址点所围面积 S 为多少亩？

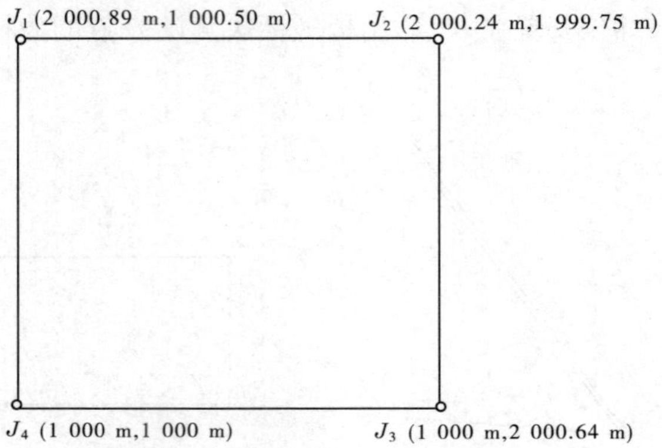

习题图 13